Valerie Travaglini

keine Rücksicht auf Naturgesetze

Gedichte

Valerie Travaglini

keine Rücksicht auf Naturgesetze

Gedichte

BUCHER

1. Auflage 2017
BUCHER Verlag
Hohenems – Wien – Vaduz
www.bucherverlag.com

Gestaltung und Satz: Horst Krieg, Wien
Gesetzt aus der Spectral und der Avenir

Umschlagbild: Marie Tewa

Druck: Hecht Druck, Hard
Gedruckt auf chlorfrei gebleichtes Papier

Printed in Austria

ISBN 978-3-99018-432-5

ich danke Bernadette Konzett fürs Korrektorat
Gabriele Ulmer für ihre wertvollen Hinweise
Marie Tewa für das Coverbild aus dem Lyrik- und Bilderzyklus WORTgeBILDe
Samuel Marent fürs Autorinnenfoto
der VHS Schlosserhus Rankweil für ihre kleine Unterstützung
ich danke allen, die in schwierigen Zeiten an meiner Seite waren

irgendwann

Träume von
gestern
gefangen
in zitternden Gräsern
und irgendwann
irgendwann
streicht dir
der Fahrtwind
wieder
die Haare
aus der
Stirn

Seelenwasser

wo mein Seelenwasser
gegen meine Nieren brandet
lässt sich
manchmal
eine Seemöwe nieder
die mir
von den Weiten
des Ozeans
erzählt

manchmal

besuche ich mich
wir haben
ein windstilles Plätzchen
tief drinnen
wo die Zweifel
zu Hause sind
wo die Tränen
im Hinterhalt lauern
wo das Pochen des Herzens
die Hoffnung übertönt
wo Krieg und Frieden herrschen
wo die Wolken
sich wortlos
vor die Sonne schieben
wo bitteres Blut
durch die Venen rauscht
einem Wildbach gleich
wo die Ängste kauern
wir trinken
verlorenen Nektar
maßlos übersüßt
manchmal
besuche ich mich
wir haben ein windstilles
Plätzchen

ich ziehe los

um von einem
weinenden Baum
zu trinken
um mich
an Kanaldeckeln
zu wärmen
um Eisblumen
zu pflücken
und mein Lächeln
zu
verschenken

Sicilia

im Land
in dem Feigenbäume
aus den Mauern wachsen
in dem Komplimente
leicht von den Lippen gehen
in dem ein Duft
durch die Gassen zieht
nach Tomaten und Meer
nach Diesel
und wildem Thymian
in dem Katzen streunen
und die Arbeit rar ist
in dem Mopeds
die Gasse hinunter brettern
die Sonne heizt
im Land
wo Wein und Schutzgeld fließen
auf dem Gestrandete
aus Kriegs- und Hungerländern
zu den Möwen aufblicken
im Land
wo die Sterne nachts
ganz still werden
ein Hauch von Ewigkeit
zu spüren ist

Ahnung

in der Dunkelheit
erahne
ich
in der Ferne
das Meer

das Mondlicht
stiehlt sich
durch die Jalousien
beleuchtet
gespenstisch
das Kleid
aus dem ich stieg

das Kleid
mit seinen
lächerlichen
blauen
Tupfen

Friede

der Friede erhebt sich
über richtige und falsche Götter
erhebt sich
aus zertretenen Hungerblümchen
und zerbrochenen Blumentöpfen
der Friede
erhebt sich mit den ersten Winden
eines beginnenden Tages
legt sich über Dünen
Wüsten und Fichtenwälder
lässt Gepeinigte aufatmen
und die Amsel
ihr schönstes Lied anstimmen
lässt Wunden heilen
und Hoffnung aufflammen
lässt brombeerfarbene Jahre vergessen
und Blut versickern
lässt Menschen
wieder daran glauben
dass die Idee des Lebens
die Freude ist
und das Herz
das wichtigste Organ

Lebensstrategie

nicht den großen Berg sehen
einen Fuß vor
den anderen setzen
von Stein zu Stein hüpfen
sich an Wurzeln halten
dürre Äste vermeiden
im Schweigen
das angefüllt ist
mit Ungesagtem
trotzdem
deine Stimme hören
über den Regenbogen
kriechen
die Farben sehen
die Sterne
nach langem
brotlosen
Tag

Bedeutung

die Dinge
scheinen
erst bedeutend
zu sein
wenn sie
zur Erinnerung
geworden
sind

ohne Option

Multioptionsgesellschaft

schwer
sich zu orientieren
Nebensächlichkeiten
werden reflektiert
wichtige Dinge
übersehen

wozu gibt es
Interkontinentalraketen?

warum wird nicht
hingesehen

warum hat
Hab und Gut
einen größeren Wert
als der Mensch

in dieser Gesellschaft
mit allen
Möglichkeiten?

Schätze

schon lange
liegt mein Boot im Hafen
so schön
die Blumen auch sind
die es allmählich überwuchern
so sicher ist es dennoch
dass es auslaufen wird müssen
um die Schätze einzufahren
die auf den Weltmeeren
zu finden sind

tief vergraben

ich will mit
Menschen
die Sehnsucht haben
übers Meer sprechen
mit Nomaden ziehen
will Goldfischen
vom Ozean erzählen
und Fröschen
vom Sonnenaufgang
ich will daran glauben
dass doch noch
etwas da ist
an Mitgefühl
tief vergraben
in uns

lautlos

lautlos
  hat sich
    die verlebte Zeit
      in die Vergangenheit
        eingereiht

Halbzeit

nach der Halbzeit
wird die Luft dünner
das Herz empfindsamer
hinter müden Lidern
Schattenbilder

der Schlaf
gestört
von Wegelagerern
aus Vergangenheit
und Zukunft

im Herbst rascheln
weniger Möglichkeiten
im Unterholz

bestehen bleibt
das
wohlriechende
Rattern
der Freiheit
abfahrender
Züge

tollkühne Weiber

das Fatalste
den Zündlern
Raum zu geben

heruntergerissene
Vorhänge
in der Unterkunft
der Asylsuchenden

tollkühne Weiber
kochen
Süppchen
aus Süßkartoffeln

für Heimatlose
Flüchtlinge
Obdachlose
Hungrige

tollkühne Weiber
kochen
Süppchen
zum Widerstand

tollkühne Weiber
kochen
ihr Süppchen
der Gleichgültigkeit
zum Trotz

Überraschungseffekt

das Beunruhigende
an der Ruhe
ist der
Überraschungseffekt
alles geschieht
genau dann
wenn
Ruhe herrscht
erst
auf den dritten Blick
erkenne ich
dass ich
schon immer
ohne
Plan B
lebte

Glücksschwein

das Glücksschwein
unterwegs
ins Neue Jahr
gehegt
gepflegt
gehätschelt

schon zu Ostern
wird es
als Schnitzel
serviert

Neuorientierung

heißt
das Verlassen
der alten Orientierung

Orientierungslosigkeit
bedeutet
defektes
Navigationssystem

von der Stimme
aus den Sternen
in die Irre geführt

die benötigten Wege
noch nicht
im System

neue Orientierung
hat weder
etwas
mit Orient
zu tun
noch mit Tierung

hat mit irren
zu tun
und mit
neu

Rauhnächte

wenn sich
in Rauhnächten
der Reif
über
die Landschaft legt
die Fasern jedes Blattes
mit Konturenstift nachzeichnet
geht ein
altes Jahr zu Ende
ein neues
liegt vor uns
wie ein
leeres Buch
das darauf wartet
mit unseren Geschichten
befüllt zu werden
jedes Jahr
die wiederkehrende Chance
das Gute in uns
aufzutauen
um es
zu neuem Leben
zu erwecken

Palast der Verlogenheit

im Palast
der Verlogenheit
hat alles
seine Ordnung
im Burgverlies
die falschen Verbrecher
die Falschen auch
an der Tafel
die sich biegt
unter den Köstlichkeiten
aus Äckern
und Ställen
und Vergorenem
vom Feinsten

fremde Heimat

Heimat
ist Zufall
mit Gnadenkraut
in der geballten Faust
gerötet
die Wange
die sie mir hinhält

in einer Heimat
in der die Menschen
sich trotz
derselben Sprache
nicht verstehen
machen
fremde Sprachen
keinen Unterschied

in meiner Heimat
versuche ich
die Fremde
zu überwinden
die den Menschen
innewohnt
hier
und
dort

Schnee

der erste Schnee
hat einiges
an Faszination
der Kindheit
eingebüßt
und doch
und doch ist es
die Weichheit
der Flocken
das zärtliche Fallen
das Anzuckern
der Wiesen und Birken
das wieder
und wieder
aufs Neue
auf Frieden
hoffen
lässt

Gleichgültigkeit

Arbeitende
starren
einem kargen
Abend
entgegen
Notreisende
richten sich
unter der Brücke ein

frischer Wind
vermag
die Gleichgültigkeit
nicht wegzuwehen
derer
die selbstzufrieden
ihrem Glück frönen
das ihnen
geschmiedet
wurde

Jagd auf Unmenschlichkeit

von Überfremdung reden
während der wahre Schmerz
die Entfremdung
in den eigenen vier Wänden ist
in Räumen, angefüllt
mit unausgesprochenen Worten

warum nicht frei von Vorurteilen
über dich reden – und über mich
die Tracht an den Nagel hängen
den Traum als Türe sehen
endlich dauerhaft und ohne Reue
Jagd auf Unmenschlichkeit machen

warum den Horizont nicht erweitern
für fremde Kulturen
kein Nachgeplapper von vollen Booten

warum das Ertrinken dulden
von tausenden Menschen
vor Küsten
an denen Olivenbäume wachsen

vor einem Europa
noch immer nicht vereint

warum nicht Einhalt gebieten
der öden Landschaft
die am Küchentisch vorbeifliegt
den Kopf voller Gerümpel
warum erschrecken vor dem Hausierer
vor unserer Türe

warum um Überzeugungen streiten
um den richtigen oder falschen Gott
während den ganzen Tag
die Sonne vor sich hindämmert
am selben Himmel
dieselben Sterne
in der Nacht

warum nicht sehen
dass genug da ist für alle
an Brot und Wasser und
Himbeermarmelade

warm nicht öffnen
das Herz
die Meere und die Arme
warum nicht endlich
dauerhaft und ohne Reue
Jagd auf Unmenschlichkeit machen

still

still liegen
die Höfe
nahes Plätschern
ist zu vernehmen

Sprachlosigkeit
kriecht durch die Ritzen
in die Dachkammer

Wölfe liegen auf der Lauer
ganz in der Nähe
unter den Pappeln
bereit
auch die letzte Binde Speck
zu holen
welche uns
wenigstens
über den Winter
hätte helfen sollen

karge Böden

karge Böden
mein Weideland
im Herbst
verdorrte Halme
reihen sich
vor mir
zaghaft grase
ich sie ab
lass jedoch
immer
einen Halm stehen
für morgen
falls
die Dürre anhält
werde ich
ihn brauchen

Aufprall

die Cosmea
lässt ihr letztes
rosa Blatt
zu Boden fallen
der Aufprall
nur
für den Schmetterling
hörbar

Radio Holiday

endlich verstummt
die nutzlose Fröhlichkeit
von Radio Holiday

in der Bäumlegasse
gibt es keine Bäume mehr
in der Rosengasse
keine Rosen

der Herbst
hat den Sommer
längst
vergessen

Maske

aus den Fetzen
des Traumes
nähe ich mein Taggewand

verwende feinste Fäden

werfe mir den Mantel
der Leichtigkeit über

setze mir
die Maske des Tages auf

beschuhe mich
mit Profil

und gehe los

am Zugfenster

fliegen
zähe Jahre
vorbei
Landschaften
mit trügerisch
fröhlichen Farben
du weißt nie
was dich erwartet
wenn
der Zug
abfährt

Kopfkissenbuch

mein Kopfkissenbuch
erzählt
von Zirkuswägen
von Würstelbuden
und Gauklern
von Überlandfahrten
mit knatternden Reisebussen

von heiterem Gruseln
in der Geisterbahn
vom schleichenden Sterben
der Lebenslust
vom Wiederaufflammen
der Leidenschaft
von grünen Wundern
zwischendurch

von vollen Kühlschränken
für alle
von dicker Luft
und Dreckwäsche
von Spurensuche
im Sumpf
und Versinken
im Hochmoor

vom Aufsteigen
der Ideen
aus den Wogen
vom sich Erheben
um den Stürmen
zu trotzen

vom Neubeginn

morgen früh

im Krieg

das Wasser
auf den bunten Steinen verdampft
Blut versickert im Sand
Blumenstöcke zerfallen in Asche
Gedanken werden geköpft
nur Schreie des Hasses
werden geboren
in den finsteren Kerkern
der Freiheit
wenn die Freude erstickt am Blut
der Ermordeten
die Tore der Städte verriegelt und
das Lachen verboten wird
die Augen der Opfer
starren ins Leere
das Leben gewichen
Blicke von oben auf die sinnlose
Hülle des Körpers
der einst die Liebe erlebte
der Krieg
setzt
andere Maßstäbe

sorgsam

will ich sein
mit der Porzellanschale
den Eiern
dem Kelch
aus Muranoglas
mit den Seifenblasen
den Spinnennetzen
mit unserer Liebe
all dies
aus demselben
Rohstoff

Dämmerung

der Herbst zieht
wie ein Schatten
am Fenster vorbei
zieht Furchen
durch weiche Haut

das Herz erbebt
trinkt bereits
bittersten Wein
die Venen ächzen
vom Transportieren
des mit unerfüllten Träumen
angereicherten Blutes

die Seele erzittert
unter groben Worten
und dem fernen Licht
des Leuchtturms

den Blick
nach innen gerichtet
auf sorgsam geordnete
Häufchen
Erinnerungen

Ursuppe

die Gegenwart
ist der Zukunft
Erinnerung
Tränen
auf karierter
Tischdecke
Ende des Vertrauten
Ängste
kraulen
durch die Ursuppe
meiner
Geschichte

Wildnis

die Wildnis weint
als hätte sie
noch nie die Sonne gesehen
Äste wimmern
Wurzeln wuchern
Wölfe wuseln um die Hütte
die Wildnis weint
als würde der Wind
sich nie mehr erheben
gegen die Ungerechtigkeit
die dem Wald widerfährt
und auch den Bewohnern
die Wildnis weint
als würde der Regen
nie mehr aufhören
als wäre das Ende nahe
als wäre die Seele selbst
Gefangene im Burgverlies
die Wildnis weint
als würde der Eisregen
das Moos erschlagen
die Bewohner des Waldes
und das Vieh
die Wildnis weint
um die Freiheit
um das Ende des Welt-Friedens
um das Feuer
im Kamin
die Wildnis weint

Disteln überall

von den Wurzeln
der Weichheit
weit entfernt
bis der Saft
bitter
die Spitzen erreicht
Figuren
in Selbstfindungseuphorie
zündeln
an der Nebenfront
wehret
Anfängen
Disteln
überall

Vesper

scharf zeichnet sich
der Kirchturm
gegen die verschneiten
Berggipfel ab
Birken und Höfe
still in ihrer Einsamkeit
große Mütter
kleiner Söhne
harte Federn im Kissen
auf das ich
mein Haupt bette
zur schlaflosen Nacht
üppig der Kartoffelschmarren
süß das Mus
schweigend löffeln
zerstreutes Stochern
heftiges Schneiden
in den nackten Augen
ist es zu lesen
die Blicke
werden gesenkt
die Kirchturmuhr
schlägt zur
Vesper

Parallelwelten

Parallelwelten
taubes Herz
verhindert
stilsicher
das Interesse
für das Leiden
und
Leben
der Anderen

Frauen

gehen die Frauen
stirbt das Land
Frauen
Brückenbauerinnen der Seelen
Licht und Schatten
zum Trotz
Hauptsache
Ruhe im Bau
Frauen
sind Zitronen- und Tannenbäume
sind Müllkippe und flotte Lotte
sind Klempnerinnen
der lädierten Familie
Frauen fristen ein zähes Leben
ernähren sich
von Hungerblümchen
am Wegesrand
stilles Weinen
nach lautem Tag

Frauen an die Leichtigkeit
des Schreiens gewohnt
Frau sein ist
nichts für Weicheier
Frauen
wie aus dem Ei gepellt
die Bilder hinter den Augen
Frauen geliebt
durch den Marillenkrapfen-Effekt
Liebe geht durch den Magen
Frauen
Kämpferinnen für Solidarität
wollen alles richtig machen
müssen alles
unter eine Kappe bringen
und unter dem Hut
verstecken
gehen die Frauen
stirbt das Land

flügellahm

holpern wir
über Schlaglöcher
verschmutztes Denken
dunkle Geheimnisse
der Wahlverwandtschaft
Alltagswahnsinn
gleich nach der Morgenröte
Moralisten und Schutzengel
resistent gegen
das Getöse der Welt
Barrikadenbräute in Papierkleidern
Striptease für Biedermänner
und
scheue Jungbullen
Relikte eines
vergessenen Skandals
im Keller
Narben
auf dem Gewissen
Bestie Mensch
wohnt
nebenan

trügerisch

geordnet
meine kleine Welt
das Glück
an seidenem Faden
immer wieder
ein Tautropfen
der sich
in meinem Spinnennetz
verfängt
schillernd
wie
ein Diamant

Havarie

Raben picken
Kalk aus dem Verputz
der Sorglos-Klinik
während die Sonne
durch die Apfelbäume
hinunterklettert
die Sorglos-Klinik
in der ich
die Monate
und die Augen
in der Suppe zähle
die mich anstarren –
hat im
Hochglanzprospekt
ein Leben versprochen
das nach Vanille
schmeckt

Gespenster

Hand in Hand
einschlafen
Gespenster des Tages
von denen der Nacht
abgelöst
kurzfristig
besänftigt
durch
die Schwere
die die Liebe
hinterlässt

hindümpeln

durchqueren
der Wüste
Sand im Getriebe
schweigend essen
laut schlucken
Omas Porzellan
ohrenbetäubend
die Stille
die Leere
mit den Nachrichten
füllen
über die man sich
gemeinsam
entsetzen kann
mit dem Abendprogramm
vor sich hindümpeln
schweigend
sich und
das Bett besteigen
Wüstenblumen
blühen
weit weit
weg

im Tal der Trockenheit

heimkehren
von fremden Blicken
getroffen
freudlos stumm
der Abend
verlassenes Hemd
auf dem Boden
dort
wo der Vorhang
ins Zimmer weht
das Herz
geht über Stock und Stein
die Welt ist
voller Müdigkeit
die Sonne
dämmert vor sich hin
in der Nacht
das Blenden
der Sterne
im Brautschrank
Hoffnung
an der Motten
sich laben
als die Liebe
laufen lernen wollte
war es
zu spät

Morgentau

im Morgentau
kämme ich mir
die Vergangenheit
aus meinem Haar
das ich wieder
offen trage
die Ferne
war mir
nie fremd
die Fremde
nie
fern

in der Grube

einst sanken wir
in die Grube
und tauchten
nie wieder auf
die Luft ist dünn
dort unten
der Geruch modrig
kein Lachen
dringt zu uns
kein Schmetterling
keine Honigbiene
alle Leichtigkeit
ist gewichen
einer bleiernen Schwere
Platz gemacht
niemand
wills wissen
in Wirklichkeit
wie es ist
in der
Grube

Götterferne

in der Nacht
der Götterferne
überschlagen sich
die Dinge
kein Freund
klopft an die Türe
ich starre ins Nichts
das dreizehnte Kapitel
hat begonnen
nichts kann
bleiben
in einem Sommer
der ein Winter
ist

nachts

wenn die Weisheit schläft
ziehen
verwirrte Denker
durch die rastlose Stadt
das Leben ist bunt
auch wenn die Dunkelheit
vorherrscht
nachts
wenn die Weisheit schläft
gehen
Lebensträume
auf Achterbahnfahrt
nachts
wenn Racheengel
über den Gassen schweben
ist man schnell Funke
einer Feuersbrunst

Restzeit

über meine Restzeit
kriecht
ein kalter Schatten
die Trauer
um Vergangenes
hält mich auf
Mühlsteine
beschweren
den Atem
ich stolpere
durch den Tag
einem kargen Abend
entgegen
nicht glauben will ich
dass Vergangenes
vorbei ist
und doch
zerstreut
dein Blick
meine Fassung
und bestätigt
stumm

Galopp

man galoppiert
durchs Leben
wie das
nicht leistungsfähige Pferd
das lahme Ross
der kastrierte Hengst
das Fohlen
mit einem
gebrochenen Bein
geboren
programmiert
das Rennen zu verlieren
überholt zu werden
von Zaungästen
begafft zu werden
zu scheu
um zu
wiehern
doch irgendwann
irgendwann
entsinnt
es sich
Pegasus
seines Verwandten

beschäftigt

mit dem Schmieden
des eigenen Glücks
beschäftigt
mit dem
Körpermaßindex
der Steinzeitdiät
beurteilt
nach Status
Leistung
Hubraum des Wagens
während sich
nebeliges Nichts
Feindseligkeit
ausbreiten
wie die Ratten

time after time

time
after
time
eine Stunde
wird zur Ewigkeit
nach der
vergangenen Zeit
kommt
weitere Zeit
wenn Eisblumen
beginnen
sich auszubreiten
spielt Zeit
keine Rolle mehr
after
time
only
time
nothing else

Schatten

im Herbst
beginnen
die eigenen Schatten
dich
einzuholen
eine Erinnerung
wird säuberlich
zur anderen gelegt
ins Museum
deines Lebens
wo sie
bei gedämpftem Licht
keine Chance haben
jemals
zu
verrotten

update

das ewige
Downloaden
von Updates
das Verschwinden
von Programmen
das Abstürzen
des Rechners
das mühevolle
Wiederherstellen

das ewige
Uploaden
neuer Befindlichkeiten
das Auftauchen
neuer Seiten
das Aufsteigen
neuer Gefühle
das mühevolle
Gleichgewicht halten
Tag für Tag

Zeiten

in denen wir
Freundschaften
schlossen
wieder
verloren
Kurzfristigkeiten
überwanden
versuchten
die Sonne
hinter
der Wolkendecke
zu erahnen
Zeiten
in denen
wir uns
der Einsamkeit
bewusst
wurden

Mode

schwarz in Mode
im September
wider den Zeitgeist
sind
Vorstadtweiber
unterwegs
in purpurroten Mänteln
Freiheit
in den Locken
Fragezeichen
in den Augen
Schabernack
hinter den Ohren
Tarnworte
auf den Lippen
auch diesen
September
vermag
die Mode
sie nicht
zu schwärzen

am Zenit

blind
starre ich auf den Mond
wie er sich verdunkelt
die Wolken
umschmeichelt
mit trügerischem Schein
Welten bäumen sich auf
es gibt derer zwei
dazwischen hänge ich
schwer atmend
über burgunderroter Schlucht

Fledermäuse
krümmen sich
unter der Sonne
am Zenit
an einem
jener Tage

Trampelpfad

auf dem
Trampelpfad
meiner Gutmütigkeit
herrscht
reger Verkehr

Gewohnheit

es waren Jahre
in denen wir es gewohnt wurden
einen Schmerz zum anderen zu legen
in denen die Zeit
an uns vorbeizog
ohne auf uns zu warten
wir nur noch in der Ferne
die Eisenbahn hörten
das Summen des Kühlschranks
zu unserer Filmmusik wurde
wir vom Aufprall
fallender Äpfel erschraken
in denen wir erstaunt waren
mit welcher Leichtigkeit wir logen
in denen wir schweigsam
die Suppe löffelten
wir hilflos
neue Strickmuster ausprobierten
tote Floskeln
sprachen und
erduldeten
in denen wir traumlos
dem Hereinfallen des Tages
entgegen dämmerten

Gleichschritt

stumm schreiten wir
im Gleichschritt
nebeneinander
meilenweit
entfernt

erwachsen

Lilli ließ den Rock tanzen
rosa mit roten Tupfen
Punschkrapfen und Himbeerlimonade
zerplatzte Seifenblasen
auf der Nase
rosa Päckchen mit Maschen
alle wussten was sie liebte

heute knallt
der Sekt
auch Kaviar
wird gereicht
niemand weiß
mehr
was sie liebt

verloschene Sterne

brennendes Land
grenzenlose Leere
zertrampelte Disteln
den Freund zum Feind erklärt
des falschen Gottes wegen
kein Platz mehr
für bunte Regenschirme
für die Verrücktheiten
von einst
versprochene Waffenruhe
Sehnsucht nach Frieden
verzweifelte Gebete
steigen zum Nachthimmel empor
und prallen ab
an längst
verloschenen
Sternen

Traum

während das Mondlicht
im Zwetschgenbaum
hängt
und die Sterne
am Nachthimmel verglühen
träume ich
vom Frieden
während hoffnungslose Figuren
mit Parolen zündeln
die auf fruchtbaren Boden fallen
scheitern Friedensverhandlungen
und Waffenruhen
hallen Schreie durch die Nacht
und Blumentöpfe zerbersten
während ich
nicht aufhören will
vom Frieden zu träumen
steigt die Sonne
hinter den Häuserblock hinab
und versucht
dort ihr Glück
abermals

Quelle

im steinigen Flusslauf
versickert
meine Rücksicht
auf die Befindlichkeit
der Welt
mein Acker umgepflügt
Würmer kringeln sich
an der Oberfläche
auf den Steinen das Moos
ich spüre die Brise
im leicht ergrauten Haar
der Fluss kehrt
zurück zur Quelle
kann keine Rücksicht
nehmen auf
Naturgesetze

Blumenkranz

als mein Haar
unverschämt lang war
und die Röcke
im Wind
meine Schenkel umspielten
ein Blumenkranz
mein Haupt schmückte
hatte ich einen Traum

unter den Trümmern
der zusammengestürzten
Bauklötze begraben
der verwelkte Blumenkranz
aus Nelken
und Schleierkraut
und auch
der Traum

Nebelmeer

wir schreiten
über dem
Nebelmeer
klamme Finger
in den Taschen
verborgen
Blick gesenkt
auf knirschenden Kies
Eiskristalle
auf Hagebutten
mögen nicht
darüber
hinwegtäuschen
dass die Abzweigung
vor uns liegt

unerträglich

der Sommer glüht
auf karge Bergweisen
und lässt erahnen
wie unerträglich
der Herbst
sein wird

gefrorenen Herzens

suche ich die Hoffnung
unter der Eisschicht
die nur zaghaft
zerbirst
unter den groben Schuhen
die mich
durch die Eiszeit
tragen

Hoffnungsspinne

nach jenem Tag
an dem
ich es wusste
war nichts mehr so
wie es war

alles hängt
an einem Faden
gesponnen von
der Hoffnungsspinne
die die ganze Welt
umgarnt

Weite

die Weite
lacht
über die Kleinheit
der Menschen

der Spiegel
über mein Gesicht
das fassungslose

der Sommer

plätschert an mir vorbei
der Weg gesäumt
von Schwanenfedern
die Stadt treibt es bunt
bevor das Partyschiff
vor Anker geht

Gerüche des Lebens

manchmal
scheint mir
mein Leben
hat den Geruch
langsam
vermodernder Blätter
angenommen
der Angstschweiß
der zaghaft
aufblühenden Rose
liegt in der Luft
die Süße
der Rosenblätter
hängt in Gardinen
in Hautfalten
in den Haaren

manchmal
geräuchert und geselcht
wie ein gut
durchwachsener Speck

manchmal
steht es
wie ein
frisch gewaschener Berg
am Horizont
und riecht
nach neuen
Möglichkeiten

die warme Mauer

erzählt noch von mir
die Luft flimmert zaghaft
zirpt
flüstert
summt
und säuselt
die Fledermaus meint
meine Seele
sei geblieben

Zuhause

wenn die Wahrheit
sich hinter
Steinmauern zurückzieht
der Wind
der Missverständnisse
um meine Ohren pfeift
die Straßen
keine Nummern
mehr haben
werde ich abbiegen
und mir vorstellen
ein Zuhause
zu haben

Antworten

mit Antworten
tauche ich
aus den Wogen
in der Faust
noch den
Dreizack

Freiheit

eingesperrt
hinter
dicken Mauern
Illusionen
Freiheit –
die nichts weiter ist

Blaue Libelle

in den Blättern
der Birken
verfangen sich
die Töne
eines arabischen
Liedes
sie prallen
wehmütig ab
bringen
die Wellen
des Wassers
und das kleine Herz
der blauen Libelle
zum Schwingen

dort

wo der Regenbogen
die Erde berührt
werde ich
mich niederlassen
den Wind empfangen
auf meinen Wangen
die Eisblumen auftauen
die bereits Wurzeln schlagen
einen Kirschenbaum
pflanzen
und mutig
das Süppchen löffeln
das man mir
eingebrockt
hat

im Lot

wenn Spinnen
bunte Netze
spinnen
und das Rad
sich vorwärts
dreht
wenn Fische
den Ozean
durchpflügen
und Menschen
in Frieden
leben
wenn
Gerechtigkeit
einzieht
und die frühen
Nebel
sich verziehen
kommt
alles
wieder
ins
Lot

Ideen

sprießen
wie Pilze
in meinem
Kopf
manchmal
gelingt es mir
eine davon
zu retten
bevor jemand
sie zu
Gulasch
verarbeitet

was bleibt

die Schwalben
flüchten
aus meinem Blickfeld
was bleibt
ist der
Himmel
so blau
so leer

Glücksmomente

rar wie eine Schwalbe
in einem Sommer
der noch kein Sommer ist
und doch
es gibt sie
wie die Knospe
die nach allzu
langem Winter aufbricht
wie der Morgentau
der meine Lippen benetzt
nach langer Durststrecke
wie der Strauß Eisblumen
vor meinem Fenster
wie der Regenbogen
der sanft
die Erde
berührt
Glücksmomente

Augustnacht

in jener
Augustnacht
war jeder Stern
an seinem Platz
auch die
längst
verloschenen

mein Herz

geht jetzt
zu Fuß
unsere Gegend
ist buckelig

Valerie Travaglini

Valerie Travaglini ist in den Sechzigern in einer sanften Hügellandschaft in Oberösterreich geboren und zwischen den schroffen Felsen des Klostertals in Vorarlberg groß geworden.
Heute lebt und arbeitet sie in Dornbirn, einer Kleinstadt an der Ach, dem Fluss, der ihr immer wieder Inspiration bietet.
Sie ist Mitglied bei Literatur Vorarlberg und Preisträgerin bei diversen Literaturwettbewerben.
Ihr Debutroman „Lebensgeister" ist als Ebook bei ePubli Berlin erschienen.